石油石化有害因素防护系列口袋书

油气田硫化氢防护 口袋书

中国石油化工集团公司安全监管局
中国石化集团公司职业病防治中心 组织编写

中国石化出版社

内 容 提 要

本书为《石油石化有害因素防护系列口袋书》之一，在描述硫化氢基本性质的基础上，针对油气田生产中可能遇到硫化氢的作业环节如钻井、修井、采油、注水、集输、原油处理、运输及储运等进行了详细描述，给出了应对措施。

本书采用问答形式，非常有利于油气田企业进行员工培训使用，也适合从事安全工作的技术和管理人员参考。

图书在版编目（CIP）数据

油气田硫化氢防护口袋书 / 中国石油化工集团公司安全监管局，中国石油集团公司职业病防治中心组织编写．—北京：中国石化出版社，2016.6（2022.7重印）

（石油石化有害因素防护系列口袋书）

ISBN 978-7-5114-3842-3

Ⅰ．①油… Ⅱ．①中… ②中… Ⅲ．①油气田–硫化氢–防护 Ⅳ．① TE38

中国版本图书馆 CIP 数据核字 (2016) 第 112108 号

中国石化出版社出版发行

地址：北京市东城区安定门外大街 58 号
邮编：100011　电话：(010)57512500
发行部电话：(010)57512575
http://www.sinopec-press.com
E–mail:press@sinopec.com
北京富泰印刷有限责任公司印刷
全国各地新华书店经销
*
787×1092 毫米 32 开本 2 印张 34 千字
2016 年 6 月第 1 版　2022 年 7 月第 4 次印刷
定价：20.00 元

硫化氢是仅次于氰化物的剧毒物，是易致人死亡的有毒气体。在油气田生产中可能接触硫化氢的有钻井、井下、采油(气)、注水、集输、原油处理、运输及储运等工艺过程。高含硫化氢油气井一旦发生井喷失控，将导致灾难性的后果。如1993年9月28日华北油田的赵48井，试油起电缆，诱发井喷失控，硫化氢气体大量喷出，6人当场死亡，数人中毒，造成20余万人的大逃亡。2003年12月23日四川开县川东北气矿罗家16H井发生井喷，喷出的气体中含有高浓度的硫化氢气体，导致数千人中毒，243人硫化氢中毒死亡，10万群众连夜紧急疏散。硫化氢中毒事故不仅严重危害了人民群众的生命安全，给国家造成了巨大的经济损失，同时还引起了区域性民心恐慌，给社会稳定带来了不安定因素。

硫化氢气体不仅严重威胁着人们的生命安全，而且还会造成严重的环境污染，同时，它对金属设备、工具也会造成严重的腐蚀破坏。天然气中硫化氢气体是客观存在的，为确保人身和设备安全，杜绝硫化氢中毒和井下设备事故的发生，必须了解、认识和掌握硫化氢气体的危害以及防护等基本知识。

- 你了解硫化氢吗？
- 硫化氢有什么性质？

  颜色、气味怎样？

  密度比空气大还是小？会爆炸吗？
- 生活或工作中哪里可能会遇到硫化氢？
- 你可能通过什么方式发现硫化氢？
- 你工作的环境中可能有硫化氢吗？
- 工作中发现硫化氢又该怎么办呢？

在本书中我们将图文并茂地一一回答这些问题。

需要说明的是，本书中部分图片选自网站，在本书出版之际我们对这些图片的原作者表示衷心的感谢！

目录

I

一、概述

1. 硫化氢是个什么样的物质呢？

两个氢原子和一个硫原子以等腰三角形结构形成一个分子所组成的物质。

硫原子

氢原子

氢原子

2. 硫化氢有毒吗？

硫化氢是一种神经性毒气，毒性仅次于氰化物，比一氧化碳的毒性大 5～6 倍。在有硫化氢存在的地方，硫化氢会成为无形的职业杀手。

硫化氢

毒性仅次于氰化物

比一氧化碳的毒性大5～6倍

3. 你知道硫化氢气体浓度的描述方式吗？

有两种描述，一是体积分数，用 ppm 表示，国际上习惯用；二是质量比浓度，用 mg/m^3 表示，我国标准中常用。

你知道硫化氢气体浓度的描述方式吗？

体积分数，用ppm表示

质量比浓度，用mg/m^3表示

④. 硫化氢浓度的两种描述方式如何换算？

$$1ppm=1.5mg/m^3$$

⑤. 硫化氢气体浓度与防护有何关系？

（1）阈限值：大多数工作人员长期暴露都不会产生不利影响的某种有毒物质在空气中的最大浓度。硫化氢阈限值为10ppm。二氧化硫的阈限值为2ppm。

⚠ 硫化氢浓度为10ppm时，应检查泄漏点，加强通风。在封闭区域和不良通风处应戴上正压式空气呼吸器。

（2）安全临界浓度：工作人员在露天安全工作8小时可接受的硫化氢最高浓度。硫化氢安全临界浓度为20ppm。

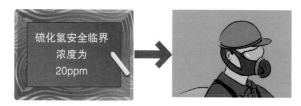

硫化氢安全临界浓度为20ppm

当环境空气中硫化氢浓度超过20ppm时，工作现场的人员应立即戴上正压式空气呼吸器。

（3）危险临界浓度：对生命和健康会产生不可逆转的或延迟性的影响。硫化氢危险临界浓度为100ppm。

 硫化氢浓度为100ppm时，工作人员应按应急预案规定撤离现场。

（4）立即威胁生命和健康的浓度：立刻对生命造成威胁或对健康产生不可逆的或延迟性的影响或影响人员的逃生能力的浓度值。硫化氢的立即威胁生命和健康的浓度为300ppm。

小贴士
工作中切记硫化氢气体的几个关键浓度，对硫化氢的防护至关重要。

6. 硫化氢防护与天气、地形有何关系？

注意
■ 特殊的天气和地形

（1）我们通常工作的地形有周边环境受限的区域和周边环境不受限的区域，受限的区域会影响到人员的逃生和气体的扩散，我们就把它视为特殊地形。

小贴士
硫化氢预防要注意特殊的天气和地形。

（2）在含有硫化氢或怀疑有硫化氢的特殊的地形施工时，要保证员工在危险来临时有正确的逃生通道，集合地点在上风方向。

（3）不利天气是指无风或微风、气压低、有雾等，总之不利于空气流动的天气。不利天气影响硫化氢扩散。

① 硫化氢有颜色吗?

　　硫化氢是无色的,我们人的眼睛看不到。工作中不能用眼睛来判断硫化氢的存在。

低浓度时就能闻到

② 硫化氢是什么味道呢?

　　硫化氢具有臭鸡蛋气味,低浓度时容易闻到,浓度高时会损伤人的嗅觉,反而闻不到。

小贴士
工作中不能用鼻子检测硫化氢是否存在,必须配备硫化氢检测仪!

③ 你知道硫化氢气体释放到空气中容易聚积在哪些地方吗?

　　常温常压下,硫化氢密度比空气的密度大,通常情况下硫化氢容易聚积在低洼地带和空气不流通的地方。

≡ 硫化氢气体
← 风向
● 工作地带

小贴士
工作时只要有可能,都应站在上风方向或地势高的地方作业。

④ 硫化氢在空气中能爆炸吗？

能。硫化氢与空气混合浓度达到 1.3% ～ 46% 就会爆炸。

小贴士

高含硫化氢的作业现场应配备硫化氢爆炸量表(测爆仪)。

⑤ 硫化氢燃烧会怎样啊？

硫化氢在空气中燃烧，会产生蓝色的火焰，产生有毒的二氧化硫气体。

⑥ 硫化氢燃烧了就安全了吗？

不安全，燃烧后会产生有毒的二氧化硫气体，二氧化硫气体会损伤人的眼睛和肺，也会对人员的健康和生命造成威胁。

小贴士

采取点燃的方式处理硫化氢时，点火后应对下风方向尤其是井场生活区、周围居民区、医院、学校等人员聚集场所的二氧化硫浓度进行监测。

⑦ 硫化氢的可溶性如何？

硫化氢的化学性质不稳定，能溶于液体中，溶解度与温度、气压有关。

⑧ 溶于液体中的硫化氢气体能挥发出来吗？

当温度升高或液体振动时硫化氢气体可以从液体中挥发到大气中。

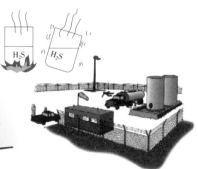

小贴士

清罐作业、维护仪器和管道设备、污水处理、原油装载场所等工作时，一定要注意硫化氢防护。对周围居民区、医院、学校等人员聚集场所的硫化氢浓度进行监测。

9. 工作中释放到空气中的硫化氢是什么形态？

硫化氢沸点和熔点很低，释放到空气中的硫化氢都是气态的。

10. 硫化氢气体有使用价值吗？

硫化氢既有害也可利用，回收硫化氢，可制造硫酸和硫黄等。

小贴士

总之硫化氢是致命、可爆、不能用眼睛识别的，通常聚积于低洼地带，低浓度时有臭鸡蛋气味、浓度高时损伤嗅觉，不能靠嗅觉监测，对一些金属有腐蚀，容易被风和气流吹散。

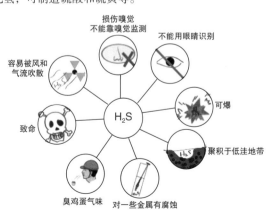

三、 硫化氢气体的危害

① 接触硫化氢气体，人的敏感性如何？

一个人对硫化氢的敏感性随接触次数的增加而减弱。

呼吸道

② 硫化氢通过哪些途径进入人体呢？

通过呼吸道吸入和消化道吸收。

消化道

③ 接触较高浓度的硫化氢气体人会怎样？

可出现头痛、头晕、乏力、供给失调、轻度意识障碍、眼睛和上呼吸道刺激。

④ 接触高浓度的硫化氢气体后人体的表现如何？

会出现头痛、头晕、激动、步态蹒跚、烦躁、意识模糊、癫痫样抽搐，也可突然昏迷，也可发生呼吸困难或呼吸停止后心跳停止。

⑤ 接触极高浓度的硫化氢气体后人体的表现如何？

接触数秒或数分钟内呼吸骤停，心跳停止，如不及时救助就会死亡。

接触数秒或数分钟内呼吸骤停

硫化氢浓度为：0.13ppm，能闻到臭鸡蛋气味；10ppm，阈限值，闻到更臭的臭鸡蛋气味；15ppm，15分钟短期暴露极限；20ppm，安全临界浓度，刺激呼吸道；50ppm，15分钟后嗅觉丧失；100ppm，为危险临界浓度，3～15分钟嗅觉丧失；300ppm，立即危害生命或健康浓度；500ppm，短期暴露后不省人事，如不迅速处理就会停止呼吸；700ppm，意识快速丧失；1000ppm，立即丧失知觉。

小贴士
不同浓度的硫化氢对人体的影响要记清。

硫化氢浓度 /ppm*	人体的反应
0.13	能闻到臭鸡蛋气味
10	阈限值，闻到更臭的臭鸡蛋气味
15	15分钟短期暴露极限
20	安全临界浓度，刺激呼吸道
50	15分钟后嗅觉丧失
100	危险临界浓度，3～15分钟嗅觉丧失
300	立即危害生命或健康浓度
500	短期暴露后不省人事，如不迅速处理就会停止呼吸
700	意识快速丧失
1000	立即丧失知觉

*：1ppm=1.5mg/m³。

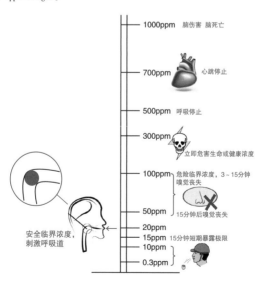

6. 你了解硫化氢对金属的危害吗?

干燥的硫化氢对金属无腐蚀,湿态的硫化氢对金属可以产生腐蚀破坏。

7. 湿态的硫化氢对金属的腐蚀类型有哪些?

分两类:电化学腐蚀和氢损伤。

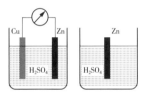

8. 硫化氢引起氢损伤的腐蚀类型有哪些?

氢鼓泡、氢致开裂、硫化物应力腐蚀开裂、应力导向氢致开裂。

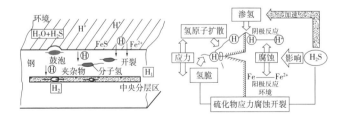

1. 硫化氢气体是如何形成的？

有机体的腐烂变质、金属硫化物的氧化、硫酸盐的还原、有机硫化物的热化学分解等。

2. 哪些工作环节或场所有硫化氢气体存在？

石油工业的各个环节、煤的低温焦化、橡胶和人造丝的制造、皮革厂、造纸厂、甜菜制糖、动物胶、硫化染料等工业生产环节以及沼泽地、下水道、垃圾、粪便池的清除过程、渔民的船舱等等场所都有硫化氢气体存在。

③. 目前世界上共有多少种职业可能接触到硫化氢气体？

目前世界上有 70 多种职业可能接触到硫化氢气体。

④. 石油天然天的勘探开发过
程中，能遇到硫化氢气体的
主要有哪些环节？

钻井、井下作业、采油采气、
酸洗、酸化、天然气净化、注水、
注气、炼油等。

⑤. 钻井施工中硫化氢的来源有哪些？

石油中的有机硫化物受热分解、烃类与储集层水中硫酸
钙的高温还原、下部硫酸盐层的硫化氢通过裂缝上窜、某些
钻井液处理剂高温分解等。

小贴士

钻井作业时，有可能钻遇含 H_2S 的地层，
如果真是这样，H_2S 气体将会从下列地方
逸出或聚集：

★防喷器
★除气器
★振动筛和泥浆池
★井内钻井液
★钻台上

★钻井液循环系统
★喇叭口
★节流管线
★燃烧池
底座下

6 井下修井作业施工中硫化氢的来源有哪些?

循环洗井、循环压井、抽汲排液、放喷排液等过程。

小贴士

修井作业,H_2S泄漏处一般在如下位置:

★循环罐　　　　★井口
★产液罐　　　　★井内和其他流体
★循环泵送系统　★维修保养现场
★敞口罐

7 采油采气作业中硫化氢的来源有哪些?

水、油储罐、分离器、干燥器、输送装置及其管道系统、放空池和放空管汇、装载场所、计量站、维修仪表等、低凹处、密闭空间、取样阀、接头处等。

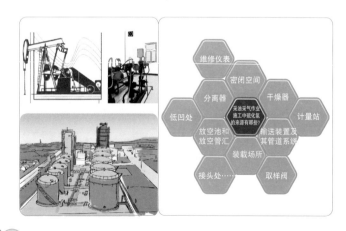

⑧ 在天然气处理厂，有哪些地方可能存在硫化氢？

★进口分离器

★预处理间

★处理容器

★增压车间

★脱硫间

★储存和运输装置

★贮藏罐

⑨ 在酸化、酸洗作业现场，有哪些位置可能泄漏硫化氢？

★井口

★循环罐

★生产罐

★循环泵送系统

★产出流体

★返出液体

★排空孔（口）

★维修保养现场

★取样阀

★防喷器

★柔性油管

★燃烧池

★灌区之间

★罐车附近

★维修保养车间

小贴士

在硫化氢可能存在的位置严格执行操作规程，注意硫化氢防护。

五、 硫化氢防护设施

1. 硫化氢检测仪分几类？

常用的有两类。即固定式硫化氢检测仪和便携式硫化氢检测仪。

2. 现场硫化氢报警浓度是如何设置的？

现场应设三级报警浓度：第一级报警值应设置在 10ppm，第二级报警值应设置在 20ppm，第三级报警值应设置在 100ppm。

硫化氢检测仪报警浓度
一级报警值为10ppm

硫化氢检测仪报警浓度
二级报警值为20ppm

硫化氢检测仪报警浓度
三级报警值为100ppm

3. 固定式硫化氢检测仪的组成？

由主机和传感器组成。主机安装在中控室，传感器安装在现场硫化氢容易泄漏和溢出的地方。

固定式硫化氢检测仪

主机　　　　传感器

中控室

④ 便携式硫化氢检测仪的组成？

　　由显示屏、传感器、声音报警器、光报警器、开关等部件组成。

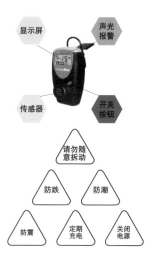

⑤ 硫化氢检测仪使用过程中应注意哪些事项？

　　使用前应仔细阅读说明书，不能随意拆动，应注意防跌、防潮、防震。充电式的应定期充电，不用时应关闭电源。

⑥ 硫化氢检测仪使用前需要设置哪些主要参数？

　　主要设置三个参数：满量程响应时间、报警响应时间和报警精度。

⑦ 硫化氢检测仪使用过程中需要校验吗？

　　必须核验。固定式的硫化氢检测仪每一年校验一次，便携式的硫化氢检测仪每半年校验一次，满量程测试过的检测仪必须重新校验才能使用。

固定式的硫化氢检测仪每一年校验一次，便携式的硫化氢检测仪每半年校验一次，满量程测试过的检测仪必须重新校验才能使用。

⑧ 正压式空气呼吸器的部件有哪些?

储存压缩空气的气瓶、减压阀、背托架、供气阀、面罩和压力表等。

⑨ 当空气中硫化氢的浓度为多少时,必须佩戴正压式空气呼吸器?

当空气中硫化氢的浓度大于等于 20ppm 时,必须佩戴正压式空器呼吸器。

⑩. 什么是一个有效的正压式空气呼吸器?

气瓶里充满干净的空气,压力在 28 ~ 30MPa(不低于额定压力的 90%);高中压管路气密性良好;低压报警器工作正常;面罩密封性良好;肩带、腰带、头带等固定牢固并保持在原始状态;面罩清洁卫生;呼吸器各部件在使用年限内,气瓶定期进行压力测试。

⑪. 含硫化氢石油作业现场，应配备什么类型的呼吸装置？

应配备正压式空气呼吸器，不允许配备负压式的或过滤式的呼吸器。

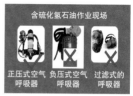

⑫. 佩戴正压式空气呼吸器最好不超过多长时间？

最好在30秒内佩戴好正压式空气呼吸器。

⑬. 正压式空气呼吸器的使用步骤如何？

正压式空气呼吸器的佩戴步骤为八步法：一背；二挂；三整理；四开；五戴面罩；六试密封；七对接；八正常呼吸。

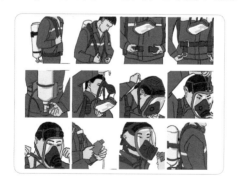

也可以是一开；二背；三挂；四整理；五戴面罩；六试密封；七对接；八正常呼吸。

14. 正压式空气呼吸器的使用注意事项有哪些？

使用前（即接班检查）对正压式空气呼吸器进行全面检查；使用中随时观察压力表的变化和报警哨的声音；使用后关闭气瓶阀，泄余气，压力表回零，整理装箱。

使用前对正压式空气呼吸器进行全面检查；使用中随时观察压力表的变化和报警哨的声音

15. 正压式空气呼吸器所使用的气瓶对其压力测试有何要求？

要定期进行压力测试，同时必须选择有资质的部门。

气瓶要定期进行压力测试
选择有资质的部门

16. 风向标、风向指示器的配备有什么要求？

风向标置于人员在现场作业或进入现场时容易看见的地方，必须保证所有现场工作人员能够观察到，微风情况下即可引起人们的注意。放喷口附近、值班房、钻台、器防器材室、井场入口处都应设置风向标。全体人员必须自觉地注意观察风向，养成在紧急情况下向上风方向疏散的习惯。

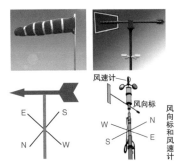

风速计
风向标

风向标和风速计

17. 报警装置怎样配备？

声音报警与灯光报警（听觉与视觉）在硫化氢报警中是必需的。低级警报应为视觉警报，视觉警报与听觉警报一起出现时则为高级报警。

TGSG-06A声光报警器

18. 钻井、修井作业的硫化氢防护设施应如何配备？

根据需要配备以下设备：

（1）当班生产班组应每人配备一套正压式空气呼吸器，另配备一定数量作为公用。

当班生产班组应每人配备一套正压式空气呼吸器，另配备一定数量作为公用

（2）含硫化氢区域作业海上作业人员应保证100%配备正压式空气呼吸器。

海上作业人员应保证100%配备正压式空气呼吸器

（3）配备与正压式空气呼吸器气瓶压力相应的空气充气泵1台。

（4）在圆井、钻井液出口管、振动筛、钻井液循环罐、司钻或操作人员所在位置、井场工作室及其他硫化氢可能聚集的区域，设置固定式硫化氢检测仪传感器。

空气充气泵

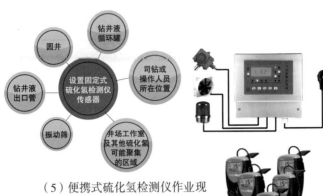

（5）便携式硫化氢检测仪作业现场至少配备 5 台。

（6）配备一个量程 1000ppm 的硫化氢检测仪器。

（7）声音报警与灯光报警各 1 套。

（8）风向标或风向指示器 3 套。

配备一个量程 1000ppm 的检测仪器

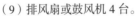

（9）排风扇或鼓风机 4 台。

（10）备用发电机 1 台。

（11）救生索（150m）2 根。

（12）备用氧气瓶 1 个。

（13）洗眼器一个。

（14）警示牌若干。

（15）紧急通信装置 1 套。

（16）辅助照明系统 1 套。

ZY005

JG135　JG139　JG138

⓱. 采油采气作业的硫化氢防护设施应如何配备？

（1）当班生产班组应每人配备
一套正压式空气呼吸器，另配备一定
数量作为公用。

当班生产班组应每人配备一套正压式空气呼吸器，另配备一定数量作为公用

（2）用于油气生产和气体加工
中的固定的硫化氢检测系统 1 套。

固定式硫化氢检测仪

传感器　　传感器

（3）便携式硫化氢检测仪根据硫化氢的浓度及现场实际情况适当配备。

（4）配备与正压式空气呼吸器气瓶压力相应的呼吸空气充气压缩机1台。

（5）风向标或风向指示器3套。

（6）救生绳索（150m）1根。

（7）警示标志若干。

空气充气泵

20. 集输站硫化氢防护设配如何配备？

（1）集输站中的硫化氢检测应采取固定式与便携式硫化氢监测仪结合使用的方式。

（2）作业单井进站的高压区、油气取样区、排污放空区和油水罐区等易泄漏硫化氢区域应设置醒目的标志。

（3）在上述设标志区域处设置固定探头，在探头附近同时设置报警喇叭。

（4）人员巡检时应佩戴便携式硫化氢检测仪，进入上述区域应注意是否有报警信号。

集输站

（5）固定式多点硫化氢监测仪放置于仪表间，探头信号通过电缆送到仪表间，报警信号通过电缆从仪表间传送到危险区域。

（6）集输站应配备足够数量的正压式空气呼吸器及与正压式空气呼吸器气瓶压力相适应的空气压缩机，应落实人员管理。

21. 天然气净化厂硫化氢监测点的设置如何？

天然气净化厂硫化氢监测应设置在脱硫、再生、硫回收、放空排污等区域，监测方法按集输站的规定执行。

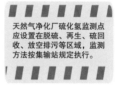

天然气净化厂硫化氢监测点应设置在脱硫、再生、硫回收、放空排污等区域，监测方法按集输站规定执行。

22. 污水处理站硫化氢监测点的设置如何？

油气田污水处理站及回注站中硫化氢的监测按集输站的规定执行。

六、 直接作业环节硫化氢的防护 ——钻井作业

① 设计中有哪些特殊要求?

（1）设计中地层硫化氢的含量及其深度和估计含量要明确。

（2）在硫化氢含量超过 20mg/m³ 地层不能进行欠平衡钻井。

（3）硫化氢含量大于 75mg/m³（50ppm）时，必须使用抗硫套管、钻杆。

（4）钻开含硫化氢地层，设计的钻井液密度应有较大的安全附加压力当量值。

（5）重钻井液的储存量一般是井筒容积的 0.5 ~ 2 倍。储备加重剂不少于 200t。

重钻井液 >200t   0.5~2倍   井筒

（6）在煤矿、金属和非金属矿等非油气藏开采区钻井，地下矿井、坑道的层位、分布、深度和走向及地面井位与矿井、坑道的关系要清楚。

（7）对含硫油气层上部的非油气矿藏开采层应下套管封

住，套管深度应大于开采层底部深度 100m 以上。

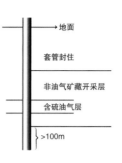

2. 含硫化氢井井场布置有哪些特殊要求？

（1）油气井井口距高压线及其他永久性设施不小于 75m，距民宅不小于 100m，距铁路、高速公路不小于 200m，距学校、医院和大型油库等人口密集性、高危性场所不小于 500m。在地下矿产采掘区钻井，井筒与采掘坑道、矿井坑道之间的距离不小于 100m。

井场布置

（2）硫化氢浓度小于 15mg/m³（10ppm），挂绿牌。

（3）硫化氢浓度为 15mg/m³（10ppm）～ 30mg/m³（20ppm），挂黄牌。

（4）硫化氢浓度大于或可能大于30mg/m³（20ppm），挂红牌。

（5）井场所有设备的安放必须留有空间。

（6）自觉地注意观察风向，在紧急情况下，人员向上风疏散。

（7）辅助设备和机动车辆，至少在井口25m以外。

（8）无风和微风的时候，用大的鼓风机或排风扇对一定风向吹风以驱散硫化氢。

（9）钻入含硫油气层前，应将二层台、机泵房、钻台等周围设置的防风护套和其他类的围布拆除。

（10）通信24h畅通。

3. 工作人员的准备及相关作业要求有哪些?

（1）从事钻井的人员应接受井控技术培训，并取得"井控操作合格证"。

（2）在含有硫化氢场所工作的人员均应接受硫化氢防护培训，并取得"硫化氢防护技术培训证书"。

（3）井队工作人员应进行现有防护设备的使用训练和防硫化氢演习。30s 内正确佩戴上正压式空气呼吸器。

（4）进入怀疑有硫化氢存在的地区前，应先进行检测，检测时要佩戴正压式空气呼吸器。

（5）井队工人应相互密切关注，在危险场所作业时两人结队工作。

（6）工作人员应明确自身应急程序。

（7）没有戴上合适的正压式空气呼吸器，不要进入硫化氢可能积聚的封闭地区。

（8）在硫化氢地层取芯时，当取芯筒起出地面之前至少 10 立柱时，以及从岩芯筒取出岩芯时，操作人员要

戴好正压式空气呼吸器。

（9）在钻遇含硫化氢地层后，起钻要使用钻杆刮泥器，工作人员要佩戴正压式空气呼吸器。

（10）在清罐作业时要遵守受限空间作业的规定。

（11）振动筛、循环罐等可能有硫化氢聚集的场所作业需在上风方向操作，并携带便携式硫化氢检测仪。

七、 直接作业环节硫化氢的防护 —— 井下作业

1 井下作业设计中的特殊要求有哪些？

（1）提供本井的地质、钻井及完井基本资料，注明 H_2S 的层位、含量，相关人员要清楚，以便作出正确的决策。

施工设计

设计方案按设计审批程序审批后方可实施

（2）探井 3km、生产井 2km 范围内的居民住宅、学校、厂矿、地下管道、公路、铁路、隧道、国防设施、高压电线、水资源情况以及季节风风向变化等情况要清楚，在设计书中绘图标明其位置，并标注 500m 以内的人口分布情况，要清楚，在做预案时必须考虑。

（3）设计方案按设计审批程序审批后方可实施。

（4）应有井控、防火防爆、H_2S 防护（含硫地区）等安全技术要求。

2 井场布置及作业施工有哪些要求？

（1）职工生活区距离井口应不小于 500m。

井口　　距离井口应不小于500m　　职工生活区

（2）井场锅炉房、发电房、值班房、储油罐、辅助车辆距离井口不小于25m。

（3）远程控制台应距井口不小于25m，并在周围保持2m以上的人行通道。

（4）通信24h畅通。

（5）硫化氢浓度小于15mg/m³（10ppm），挂绿牌。

（6）硫化氢浓度15mg/m³（10ppm）～30mg/m³（20ppm），挂黄牌。

（7）硫化氢浓度大于或可能大于30mg/m³（20ppm），挂红牌。

（8）安装放喷地面流程，放喷管线至少应装 2 条，其夹角为 90° 或 180°，并接出井场 100m 以外。

（9）地面流程全部采用钢质管材连接，尽量少用弯头。

（10）放喷口和测试管线出口，应装缓冲式燃烧筒，放喷前点燃"长明火"，并备有 2 种以上点火装置。

（11）非常规作业时（如酸化，除垢，酸洗井等）一定注意硫化氢防护

3. 施工工艺中有哪些要求？

（1）采用加钻压式测试器的测试，井口第 1 根钻杆或油管，抗内压、抗外挤和抗拉安全系数应加一级。

（2）管柱顶部应联接高压阀门或高压测试控制头，其抗内压安全系数应加大一级。

（3）预测井口关井最大压力大于 45MPa，或日产天然气大于 $50 \times 10^4 m^3/d$ 的地层中途测试，封隔器应座封在技术套管内。

（4）预测井口关井最大压力大于 70MPa 的井，应避免进行中途测试。

（5）中途测试应在规定时间内完成，原则上累计测试时间应控制在 8h 以内。

（6）含硫化氢气层应采用油管输送射孔。

（7）射孔施工时，井场和射孔作业区禁止进行与射孔无

关的其他泵车作业。

（8）高含硫化氢气井射孔施工应安排在白天进行。

（9）井内管柱存在放喷生产工况，预测最大关井井口压力 ≥ 35MPa，地层温度 ≥ 120℃的气井，井下管柱应有压力控制式循环阀、井下关闭阀（如测试阀）和封隔器。

（10）试气预测最大关井井口压力 ≥ 70MPa，地层温度 ≥ 150℃的气井，应增加耐高温高压的伸缩补偿器，采用气密封特殊扣油管。

试气预测最大关井井口压力≥70MPa，地层温度≥150℃的气井，应增加耐高温高压的伸缩补偿器，采用气密封特殊扣油管。

（11）替喷前应检查采气树、地面流程管汇的阀门及放喷、回浆管线，阀门的开启状态并有明显标识。

（12）替喷前划分警戒区域，进行防硫化氢泄漏演练，将居民和无关人员撤离至500m外。

（13）放喷点火应开启自动点火装置或派专人进行，点火人员应佩带正压式空气呼吸器，在放喷管口先点火后放喷。

（14）放喷、测试应安排在白天进行，若遇6级以上大风或能见度小于30m的雾天、下雪天或暴雨天，应暂停放喷。

八、 直接作业环节硫化氢的防护 ——油气井生产

① 天然气处理工程中应注意哪些方面?

（1）含硫化氢的天然气净化厂，在施工和制定应急预案时要考虑到主风向、气候条件、地形、运输路线和公共地区，也要考虑到维持进口和出口路线无障碍，以保证安全。

应满足工厂紧急停电后30分钟以上

（2）净化厂应设置不间断电源（UPS），UPS的供电能力应满足工厂遇紧急停电后，仪表及照明用电能维持30分钟以上。

（3）管理人员和操作员对关键部位、危险点检查应执行相关制度和风险特种作业审批制度。

（4）对于危险点实行 24 小时巡回监督检查。

（5）检查人员由管理人员和本岗位操作员组成。

（6）进入有毒场所作业，应佩戴正压式空气呼吸器。

（7）现场环境应做好通风换气，对内部空间的气体取样分析，确认含氧量不少于 18%，甲烷含量不大于 1.25%。

（8）有毒气体含量低于规定的容许浓度，且 2 小时分析 1 次气样。

（9）一旦泄漏，应切断电源，迅速撤离污染区，人员应站在上风处，并隔离至气体散尽。

（10）空气中硫化氢浓度超标时，应佩戴正压式空气呼吸器。

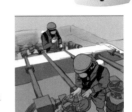

（11）进入容器或高浓度作业区，必须有人监护。

2. 气井生产过程应注意哪些问题？

（1）硫化氢分压大于 0.0003MPa 的井生产管柱应采用抗硫措施。

（2）含硫化氢、二氧化碳气井射孔管柱应采用金属气密封管柱。

（3）射孔管柱抗拉安全系数应大于 1.8，抗外挤安全系数应大于 1.25，抗内压安全系数应大于 1.25。

（4）对于高含硫化氢、二氧化碳，井口装置选择时要选用高抗硫化氢和二氧化碳的合金钢采气井口装置。

（5）气井生产操作之前应做好应急预案，事故预防措施和设备安装等工作。

（6）应配置足量的人身防护设备以及固定式硫化氢检测仪和便携式硫化氢检测仪。

（7）操作人员必须具备安全生产和硫化氢监测及人身安全防护知识，并经岗前培训考核合格后持证上岗。

（8）进行生产前，全体员工熟悉呼吸保护设备的使用方法、急救程序和

应急响应程序等。

（9）在硫化氢浓度超过 15mg/m³（10ppm）环境中工作的人员，应佩戴适当的空气呼吸保护设备。

（10）在考虑含硫化氢、二氧化碳因素的影响下，气井的开、关井必须严格按生产指令执行，按规范的操作规程进行操作。

（11）含硫化氢天然气的取样点应安装固定式硫化氢检测仪、操作人员操作时应戴上便携式硫化氢检测仪，对硫化氢随时进行检测，取样时操作人员应站在上风方向。

（12）取样瓶应选用抗硫化氢腐蚀材料，外包装上应标识警示标签。

❸ 在受限空间作业应注意哪些问题？

受限空间在我们的日常工作中处处存在。例如：各类储罐和容器内部、下水道和其他地下管道、地下设施、粮食筒仓、铁路罐车、舰艇船舱、隧道、密闭运输通道等。在油气生产和气体加工处理中的此类密闭区包括罐、处理容器、罐车、暂时或永久性的深坑、沟和驳船，油罐，钻井、修井现场的循环罐、方井内等。

（1）识别受限空间存在的危险因素。

受限空间存在的危险因素有：可能含有危险气体；可能含有引起侵蚀的物质；具有可以使进入人员陷入或窒息的结构；具有公认的健康危害。受限空间对于工作人员的最大危险还是来自于其中的有毒有害气体。

（2）在受限空间作业有严格的要求，首先作业人员必须接受培训，了解该作业场所的危险性及防护措施。

（3）作业前明确作业位置、持有作业许可证、指定测试。

（4）对于存在风险较高的环境，宜指定专门人员负责检测环境空气情况，同时还应为进入受限空间的工作人员配备便携式探测仪。

（5）进入封闭空间操作时，在通往生产加工含硫化氢流体的密闭装置的所有门口设置清晰的警告标识。

（6）警告标识通常是黄、黑两色，标识应保证有照明光源。

（7）封闭装置应安装固定式的硫化氢检测系统，24 小时连续监测硫化氢浓度。

4. 硫化氢对金属材料有哪些腐蚀？怎么防护？

（1）钢材在湿硫化氢环境中会发生腐蚀破坏，会使工具破断，仪表爆破。

（2）在常温常压下，干燥的硫化氢对金属材料无腐蚀破坏作用，但是硫化氢易溶于水而形成湿硫化氢环境，钢材在湿硫化氢环境中才易引发腐蚀破坏。

（3）硫化氢引起的氢脆、氢损伤的腐蚀类型有氢鼓泡（HB）、氢致开裂（HIC）、硫化物应力腐蚀开裂（SSCC）、应力导向氢致开裂（SOHIC）。

⑤ 硫化氢腐蚀的影响因素

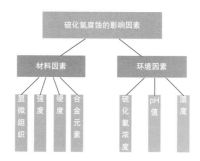

（1）材料因素

材料因素中影响钢材抗硫化氢应力腐蚀性能的主要有材料的显微组织、强度、硬度以及合金元素等。

（2）环境因素

主要有硫化氢浓度、pH 值和温度。

小贴士

随 pH 的增加，钢材发生硫化物应力腐蚀的敏感性下降。

⑥ 预防硫化氢应力腐蚀开裂和氢损伤的方法有哪些？

（1）合理地选用抗硫化氢的材料

在可能遭受硫化氢侵蚀条件下作业时，钻柱应选用抗硫化氢材料，否则，一旦出现硫化氢应力腐蚀断裂，将蒙受巨大损失。在生产中严格按照设计选择材料。

合理地选用抗硫化氢的材料

（2）添加缓蚀剂

在湿硫化氢环境中添加一定量的缓蚀剂可以防止钢材的硫化氢腐蚀，采用加注缓蚀剂的方法是目前为止抑制腐蚀最经济最简便的方法。

（3）控制溶液 pH 值

提高溶液 pH 值降低溶液中 H^+ 含量可提高钢材对硫化氢的耐蚀能力，维持 pH 值在 9～11 之间，这样不仅可有效预防硫化氢腐蚀，又可同时提高钢材疲劳寿命。

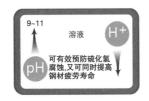

九、 硫化氢中毒预防及救援

① 硫化氢防护的应急管理工作有哪些?

（1）由于硫化氢气体的剧毒性及其特点，在进入含硫化氢地区作业前，做好应急管理工作，制定一个切实可行、有效的应急预案是保证作业安全进行的前提。

（2）在编制应急预案之前要做好充分调查。

（3）预案要充分考虑公众的利益。

预案要充分考虑公众的利益

（4）应急预案编制要完善。

（5）每个人的职责任务要明确。

（6）预案制定好后一定要演练，让大家熟悉自己的职责。

（7）预案演练后一定要开评审会。

2. 工作现场发现有人硫化氢气体中毒盲目施救会有什么后果？

  硫化氢中毒盲目施救会造成更大范围的伤亡。

国家安全生产监督管理总局文件

安监总危化 〔2007〕197号

国家安全监管总局关于今年以来发生的硫化氢中毒因盲目施救造成伤亡扩大事故情况的通报

各省、自治区、直辖市及新疆生产建设兵团安全生产监督管理局，有关中央企业：

  9月1日，江苏省扬州市宝应县广洋湖镇健生有限公司（以下简称健生公司）组织工人清理缫制品的腐烂物时，1人跳化氢中毒后，8人盲目参与施救，最终造成6人死亡，3人重伤。这是一起因盲目施救造成伤亡扩大的严重事故。国务院领导同志对此事故作出重要批示，要求通报全国，提醒各地防止同类事件的发生。

3. 什么是正确的硫化氢中毒现场急救程序？

  （1）脱离毒气现场

小贴士

A. 了解硫化氢气体的来源地；
B. 确定风向（如果中毒事件发生在室外）；
C. 确定进出线路，避免自身中毒。

  （2）报警

小贴士

A. 按动报警器，使报警器报警。
B. 如果报警器在毒气区里或附近没有合适的报警系统，就大声警告在毒气区里的其他人。

（3）评估

小贴士
对现场情况作出正确判断，为现场救援提供依据。

（4）佩戴呼吸装置

小贴士
在最近安全地区放置一个可用的呼吸器，按照所要求的配戴程序戴好呼吸器。

（5）使伤员脱离毒气区

小贴士
A.估计中毒情况（是否有一些不寻常的因素要考虑）。
B.根据你所知道的中毒者的状态及地方，选择一个合适的救护技术。
C.如果有可能，寻求帮助救护中毒者。
D.仔细观察中毒者的状态变化。

（6）现场救护伤员

小贴士

一旦进入安全地带，就要对中毒者全身做仔细的检查，看其有无受伤，如果需要，立刻进行CPR急救，直到他自己恢复呼吸。在救护车到达之前，要密切注视着中毒者，以防中毒者停止呼吸或表现出需要急救的症状。

（7）同时取得医疗帮助

小贴士

向最近的医院请求医疗帮助。继续救护和监视，一直到医务人员赶到。也要记住，医疗帮助不仅仅是对被毒气击倒的人员，也针对救护者个人以及所有在硫化氢气体附近可能被毒气毒害的其他人。

④ 中毒者的搬离方法有哪些？

（1）拖两臂法

小贴士

救护人员从中毒者背后靠近中毒者。从背后将中毒者扶起，并且用救护者的一条腿顶着中毒者的背部将中毒者支撑起来。然后，救护者两臂从中毒者腋窝下伸出，放在中毒者两臂上面，抓住中毒者的前臂，救护人员然后将中毒者拉到安全地带。

第一步 第二步

（2）拽领救护法

小贴士

牢牢抓住受害者的衣服或衬衫领，将受害者拉到安全地带。

（3）两人抬四肢及担架搬运法

小贴士

两名救护人员分别站在中毒者的后面，都面向一个方向。一名救护人员将手放入受害者的腋下，插入受害者两臂上方，并抓住受害者的前臂，做法同两臂拖拉法中一样。另一名救护人员抓住受害者膝盖后部，然后，两名救护人员一起抬着走，先把受害者抬至安全地区。

5. 当硫化氢中毒者出现呼吸心跳骤停时，现场应采取什么方法救护？

采用心肺复苏术（CPR），这是一个挽救生命的有效方法。

6. 心肺复苏术（CPR）操作程序是什么？

（1）判断环境。通过施救者看、听、闻、思考，判断现场环境是否安全。

（2）判定意识并判定呼吸。有呼吸侧卧体位，等待救援。

（3）无呼吸，寻求帮助。立即呼救，实施现场呼救、电

话呼救。

（4）摆正体位，解开衣服。

（5）进行心脏按压 30 次。按压位置是——两乳头连线中点，即胸骨上 2／3 与下 1／3 交界处；按压深度：成人至少为 5cm，儿童大约为 5cm，婴儿大约为 4cm，按压的频率每分钟至少 100 次。

两乳头连接中点

（6）清理口腔。

（7）打开气道。

（8）人工呼吸——2次。

（9）检查。连续5组心肺复苏后（约2min）检查生命循环体征（检查呼吸和脉搏，时间不超过10s）。

（10）心肺复苏的成功与终止。

小贴士

A. 复苏成功的表现：面色、口唇变红润，呼吸脉搏恢复；病人眼球能活动，手脚抽动，呻吟。

R. 何时终止：有他人或专业急救人员到场接替；患者自主呼吸及脉搏恢复；救护人已筋疲力尽。

十、 硫化氢警示标识的设置和告知

① 可能存在硫化氢的场所警示标识的设置有何要求?

硫化氢警示标识设置的高度,应尽量与人视线高度相一致,悬挂式的警示标识的下缘距地面的高度不宜小于2m,受限空间警示标识的设置高度视具体情况确定。

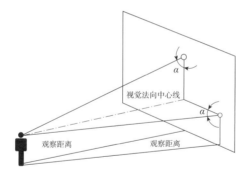

视觉法向中心线

观察距离　　　　观察距离

② 禁止标识有哪些?

未经许可,禁止入内;禁止吸烟。

未经许可
禁止入内
No access for
unauthorized persons

3. 警告标识有哪些?

当心有毒气体；硫化氢剧毒注意防护。

4. 指令标识有哪些?

该区域必须佩戴呼吸器；穿防护服；注意通风。

5. 提示标识有哪些?

紧急出口；救援电话；紧急集合地点；消防电话。

6 硫化氢防护告知牌的内容包含哪些？

有毒物品	注意防护	保障健康

	健康危害	理化特性
硫化氢 Hydrogen sulfide	可经呼吸道进入人体。 　主要损害中枢神经、呼吸系统，刺激黏膜。表现为流泪、畏光、眼刺痛、咽喉部灼热感、咳嗽、胸闷、头痛、头晕、恶心、呕吐、乏力，重者抽搐、呼吸困难。吸入高浓度可立即昏迷，可致猝死。	无色气体，有臭鸡蛋气味。溶于水。与空气混合可发生爆炸。与浓硝酸或其他强氧化剂剧烈反应。对金属有强腐蚀性。
当心 中毒	**应急处理** 　抢救人员穿戴防护用具，加强通风，速将患者移至空气新鲜处，去除污染衣物；注意保暖、安静；皮肤或眼污染后用流动清水冲洗各至少 20min；呼吸困难给氧，必要时用合适的呼吸器进行人工呼吸；心肺骤停，必须现场行心肺复苏术，立即与医疗急救单位联系抢救。	
	防护措施 　工作场所空气中最高容许浓度（MAC）不超过 10mg/m³。$LDLH$ 浓度为 450mg/m³，属酸性气体，由于能引起嗅觉疲劳，警示性低。密闭、局部排风、呼吸防护。禁止明火、火花、高热，使用防爆电气和照明设备。工作场所禁止饮食、吸烟。	

急救电话：120
咨询电话：中国疾病预防控制中心职业卫生与中毒控制所 010-83132345
消防电话：119　　　当地职业卫生与中毒控制机构：

十一、硫化氢泄漏事故案例

1. 石油勘探开发中几起典型的硫化氢中毒事故

（1）2003 年 12 月 23 日 21:55 重庆开县某井起钻至井深 195.31m 发生强烈井喷，22 时 03 分井口失控。在从井喷到放喷管线点火近 18 小时中，井口喷出含 H_2S 浓度极高的天然气随空气流动大面积扩散，造成了人民生命财产的重大损失，酿成钻井史上罕见的井喷特大事故。事故损失：243 人死亡，2142 人住院治疗，65000 人疏散，直接经济损失 6423.31 万元。

（2）1993 年 9 月 28 日 15 时，位于河北省石家庄市附近赵县的华北油田一口预探井（编号为赵 48 井），在试油射孔作业中发生井喷，地层中大量硫化氢气体随着喷出井口，毒气扩散面积达 10 个乡镇 80 余个村庄。造成 7 人死亡，24 人中等中毒，440 余人轻度中毒，附近村民 22.6 万人被紧急疏散。

（3）2005 年 10 月 12 日晚上，大港油田修井工人在对沧县境内的一口油井进行洗井作业时，突发意外事故。事故造成 3 人死亡，包括附近村民在内的 15 人送医院救治。事故原因为硫化氢中毒。

（4）2002 年 7 月 24 日，某单位技术监督中心接到加氢车间通知，FT-302 硫化氢（酸性气）出装置计量表引压管线堵塞。14 时 20 分左右，技术监督中心计量站仪表维修工彭某、巩某、王某 3 人到现场处理该表。由于计量表外部空间在投产时增设了一条换热器管线，造成场地狭窄，必须半蹲着侧身才能进行处理。王某（女，身材瘦小）负责进行处理。处理过程中，彭某关闭一次阀，王某靠近仪表箱用仪表风吹堵塞的引压管线。

14 时 30 分左右，吹通堵塞仪表后，由于引压线内形成正压造成硫化氢气体泄漏。由于场地狭窄，无法躲闪，王某被硫化氢气体熏倒（从硫化氢气泄漏到王某倒地只有几秒钟的时间）。彭某与巩某发现后，立即把王某从换热器管线下拖出，送工厂卫生院抢救。15 时 50 分左右，王某未脱离危险，送往中心医院继续治疗。

（5）1998 年 3 月 22 日 17 时，四川温泉 4 井（气井）钻井至 1869m 左右时，发生溢流显示，关井后在准备压井泥浆及堵漏过程中，3 月 23 日凌晨 5 时 40 分左右，天然气通过煤矿采动裂隙自然窜入井场附近的四川省开江翰田坝煤矿和乡镇小煤矿，导致在乡镇小煤矿内作业的矿工死亡 11 人，中毒 13 人，烧伤 1 人的特大事故。

②硫化氢泄漏场所因盲目施救造成伤亡扩大的典型事故

（1）2007 年 5 月 27 日，安徽省宿松县汇口镇一土炼油厂 2 名工人清洗炼油池，吸入了池中飘出的大量硫化氢气体导致中毒死亡，1 名探亲群众盲目施救，也相继中毒死亡。

（2）2007年7月7日，某冶金建设安装工程有限公司承接的兰州天然气管道安装工程施工时，1人中毒被熏倒，随后4人因盲目施救也被熏倒，导致3人死亡、2人中毒受伤。

（3）2007年8月7日，甘肃靖远县某纸品工贸有限公司1名职工在清理纸浆池时发生硫化氢中毒，另5名职工在营救过程中发生连锁中毒事故，造成3人死亡、3人受伤。

（4）2007年7月11日，浙江省湖州市德清县新市镇某生物酵母厂1名职工在酵母车间发酵罐内清理垃圾袋时硫化氢中毒晕倒，另2名职工未采取防护措施，先后进入发酵罐内盲目施救，中毒晕倒，导致3人死亡。

（5）2007年5月5日，天津市津南区某公司在对该区某污水处理池进行污水、污泥清理时，未经检测，就进入通风不畅的污水池内作业，2名施工人员作业时硫化氢中毒晕倒，另2名施工人员盲目下池施救，也相继晕倒，共造成2人死亡、2人受伤。

（6）2007年4月25日，浙江省某渔船1名船员在船舱里洗舱，导致硫化氢中毒，另有5人因施救不当相继中毒，造成2人死亡、4人受伤。